通り過ぎて

A LETTER FROM APE PLANET

桜 寅次郎

東京図書出版

通り過ぎて ⟡ 目次

プロローグ 3

   設問 1 6

   設問 2 8

   設問 3 14

   設問 4 19

   設問 5 30

   設問 6 36

   設問 7 40

   設問 8 46

   設問 9 50

   設問10 57

   設問11 67

エピローグ 70

プロローグ

　皆様を「猿の惑星」に御案内します。

　皆様は、「猿の惑星は、SF の世界の話じゃないか」と思うかも知れません。

　そうではありません。「猿の惑星」は、現実に存在するのです。

　私／寅次郎は、「猿の惑星」が現実に存在することを、数学に係る種々の設問を通して実感して頂こうと思います。

　皆様は、「猿の惑星」と「数学」とに如何なる関係が存在するのか？　と思うかも知れません。

　しかし、数学という学問こそが、「猿の惑星」の存在を証明できる絶好のツールなのです。

　さて、半世紀ほど昔（私が高校生の頃）数学の参考書に、次のような記載が在ったのを記憶しています。

参考書の記載

　[設問] $(0.333\cdots)$ を分数に直しなさい。ただし、$(\cdots)$ は、3 が無限に続くことを意味します。

　参考書は、次のように解答していました。

　$a = 0.333\cdots (1)$　とおくと、

$$10 \cdot a = 3.333\cdots \text{(2)}$$

ここで、(2)−(1)を計算すると、

$$10 \cdot a - a = (3.333\cdots) - (0.333\cdots)$$
$$9a = 3$$
$$a = 1/3$$

即ち、$0.333\cdots = 1/3$

又、他の設問では、

[設問] $(0.142857\cdots)$ を分数に直しなさい。ただし、$(\cdots)$ は、数列（142857）が無限に繰り返すことを意味します。

解答は、次のようでした。

$$a = 0.142857\cdots \text{(1)} \quad とおいて、$$
$$1000000a = 142857.142857\cdots \text{(2)}$$

(2)−(1)を計算すると、

$$1000000a - a = (142857.142857\cdots) - (0.142857\cdots)$$
$$999999a = 142857$$
$$a = 142857/999999 = 1/7$$

即ち、0.142857…＝1/7

　参考書に記載された、これらの演算手法は、いわゆる循環小数を分数に直す手法として知られており、これが現行数学の考え方です。

　私／寅次郎は、当時、何か「モゾモゾ」した感覚が有りましたが、「ふ〜ん」と、上記の考え方を受け入れました。

　それから半世紀ほど経過した或る日、（多分還暦を二つぐらい過ぎた頃）、私は、ある暗算をしておりました。

　その暗算の最中に、不可思議な事に出交(でくわ)しました。

　その不可思議な事は、私／寅次郎の数学への興味を強く惹くところとなり、本書を編む切っ掛けとなりました。

　振り返ってみれば、参考書に記載された前掲の設問こそ「猿の惑星」への入口だったのです。

　［設問1］は、その「不可思議な事」を基にして創りました。

　ただ今より、皆様を「猿の惑星」に御案内します。どうぞお楽しみ下さい。

●●● question

設問1

次のうち、誤っているのは、どれでしょう。

（制限時間3分）

① $1 \div 3 = 0.333\cdots$
② $(0.333\cdots) \times 4 = 1.333\cdots$
③ $(0.333\cdots) \times 10 = 3.333\cdots$

※上記の（…）は、3が無限に続く意味です。

コメント

小学生レベルの四則演算の設問です。

通り過ぎて

●●● answer

設問１の解答

　全部、誤っています。

コメント

「何故？」と考える貴方に、改めて、次の［設問２］を提示します。

●●● **question**

設問2

次のうち、誤っているのは、どれでしょう。

（制限時間3分）

① 　$1 \div 3 = 0.333\cdots$
② 　$(0.333\cdots) \times 4 = 1.333\cdots$
③ 　$(0.333\cdots) \times 10 = 3.333\cdots$
④ 　$1 \div 4 = 0.25$

コメント

　これでも、［設問1］が「全部誤っている」ことが分からない貴方は、再度、小学校で習った四則演算を学び直す必要があります。

通り過ぎて

●●● answer

設問2の解答

①②③は、もち論、誤っています。
④は、正解です。

解説

④ （1÷4＝0.25）が「誤っている」と考えた人は、皆無だと思います。

念の為、検算しましょう。

$$1 \div 4 \times 4 = 1$$
$$0.25 \times 4 = 1$$

④の両辺に、4を掛けると、両辺とも1になるので、④の等号（＝）は、成立しています。

以下の解説は、小学校で習った四則演算を学び直す必要のある人のための説明です。

① （1÷3＝0.333…）について。
両辺に3を掛けます。
左辺は、

$$1 \div 3 \times 3 = 1 \quad となります。$$

9

右辺は、

$$(0.333\cdots) \times 3 = 0.999\cdots$$

となり、右辺は、小数点以下に 9 が無限に続く数となります。すると、

$$1 > 0.999\cdots \qquad (あ)$$

ですから、式(あ)の両辺を 3 で割ると、

$$1 \div 3 \,(= 1/3) > 0.333\cdots$$

です。
①の等号は、成立しておりません。
これが、①が誤っている理由です。

② $((0.333\cdots) \times 4 = 1.333\cdots)$ について。
$0.333 < 1/3$ です。
両辺に 3 を掛けて、

$$(0.333\cdots) \times 3 < 1/3 \times 3 \,(= 1)$$

更に、両辺に $(0.333\cdots)$ を加算すると、

$$(0.333\cdots) \times 3 + (0.333\cdots) < 1 + (0.333\cdots)$$

$$(0.333\cdots) \times 4 < 1.333\cdots$$

これが、②が誤っている理由です。

③ $((0.333\cdots) \times 10 = 3.333\cdots)$ について。
　$0.333\cdots < 1/3$　です。
　両辺に 9 を掛けて、更に $(0.333\cdots)$ を加算すると、

$$(0.333\cdots) \times 9 + (0.333\cdots) < 1/3 \times 9 + (0.333\cdots)$$
$$(0.333\cdots) \times 10 < 3.333\cdots$$

これが、③が誤っている理由です。

■ コメント

〈プロローグ〉で述べた「暗算の最中に出交した不可思議な事」とは、次のような事です。以下、その暗算を記述します。

$$(0.333\cdots) \times 2 = 0.666\cdots$$
$$(0.333\cdots) \times 3 = 0.999\cdots$$
$$(0.333\cdots) \times 4 = 1.333\cdots$$

ここで、逆算をすると、

$$(1.333\cdots) - (0.333\cdots) = 1$$

「アレ？」と思わない人は、居ないでしょう。

この原因は、最早、分かりますよね。

$1/3 > 0.333\cdots$　です。

この両辺に３を掛けて、更に$0.333\cdots$を加算すると、

$1/3 \times 3 + 0.333\cdots > 0.333\cdots \times 3 + 0.333\cdots$

$1.333\cdots > 0.333\cdots \times 4$

と計算すべきです。

私／寅次郎は、還暦を２〜３年過ぎたこの時、初めて〈プロローグ〉に記載された設問の解答が、間違っていることに気が付いたのです。

$1 \div 3$ は、割り切れないので、$1/3$という分数でしか表わすことができないのです。

$1/3 = 0.333\cdots$が間違っていることは、一見して気付くべきでした。

$1/3 = 0.333\cdots$と考えることは、分数の存在意義を 蔑 ろにする事になります。

読者の中には、$(0.333\cdots)$ は、３が無限に続くのだから、やがて$1/3$になるのではないか、と考える人が居るかも知れません。

しかし、そのような事は、絶対に「有り得ない」のです。

諄く云いますが、割り切れない数は、分数でしか表わすこと

ができません。

　先程、「有り得ない」と云いましたが、「有り得ない」と考える理由には、「もう一つの重要な事実」が存在するからです。

　私／寅次郎は、参考書の間違いに気付きはしましたが、「もう一つの重要な事実」を見落とし、又もや通り過ぎてしまったのです。

　その重要な事実に気付いたのは、更に２～３年後のことです。

　次の設問は、その「見落とした重要な事実」を基にして創ったものです。

●●● **question**

設問3

次の数を分数に直しなさい。

（制限時間3分）

① 0.125
② 0.333…33
　（3の数＝1万個）
③ 0.333…
　（…は、無限に続く意）

通り過ぎて

●●● **answer**

設問３の解答

① $0.125 = \dfrac{125}{1000} = \dfrac{1}{8}$

② $0.333\cdots33$（３の数＝10000個）$= \dfrac{333\cdots33}{1000\cdots00}$

（３の数も０の数も10000個）

③ $0.333\cdots$（３の数＝無限）
分数にできません。

解説

①②は、説明省略。

③は、３が無限に並んでいます。

地球から月面まで並べても、太陽まで並べても、北極星まで並べても尽きることはありません。

小数点以下に、数が無限に並ぶ数は、その数自体の大きさが特定できないので、分数に直すことができません。

もし、次のように強弁する人が居るとします。

$$0.333\cdots = \frac{333\cdots}{1000\cdots}$$

（３も０も無限）

と考えれば、分数にできるではないか。

私／寅次郎は、その人に尋ねます。

「分子も分母も整数の筈です。分子の１の位は何処に存在するのですか？　又、分母の１の位は何処に存在するのですか？」

もし、１の位が存在するとすれば、３も０も無限に存在することと矛盾します。

故に、数が無限に並んでいる場合は、１の位は存在しません。

１の位が存在しない整数は存在し得ないのです。

もう、この辺りで気付いて欲しいのです。

0.333…＝無理数です。そして、

$$\frac{1}{3} \; > \; 0.333\cdots \tag{あ}$$

（有理数）（無理数）

です。

通り過ぎて

▶ コメント

［設問２］で述べた「見落とした重要な事実」とは、0.333…
＝無理数です。

　どのような分数（分子、分母＝整数）も、割り切れない場合
は、その商は総て「循環小数」となり、小数点以下では、数が
無限に繰り返します。

　即ち、循環小数は、その大きさが特定できません。故に、

　　「循環小数」＝無理数

です。

　割り切れない分数は、分数でしか表わすことが出来ません。
デシタル表記は、出来ません。

あ の補足説明

　分数（分子、分母＝整数）が、割り切れない場合、その商
は、必ず循環小数となり、その循環小数の絶対値は、もとの分
数の絶対値より小さくなります。例えば、

　あ の両辺に（－１）を乗じると、

$$- \frac{1}{3} < -0.333\cdots$$

となります。

現行の数学は、数を次のように分類しております。

$$
数\begin{cases} 実数\begin{cases} 有理数 \\ 無理数（但し、循環小数を除く） \end{cases} \\ 虚数 \end{cases}
$$

　即ち、現行数学は、循環小数＝有理数と考えております。
「無理数」という概念は、古代ギリシャの時代には、既に存在したようです。
　そうすると、ピタゴラスもニュートンもそしてアインシュタインも、循環小数＝有理数と考えていたのでしょうか。信じ難いことです。
　$1 \div 3 = 0.\dot{3}$ が間違っていることは、小学生でも分かることではないですか。
　数に対する、この極めて基礎的な誤りが、数のあらゆる演算において、誤りの連鎖を引き起こすこととなります。

通り過ぎて

●●● **question**

設問4

次の計算をしなさい。

（制限時間３日）

① $(0.333\cdots) \times 4 =$
② $(0.333\cdots) \times 10 =$

■ コメント

　小学校で習った四則演算を、正しくマスターしていれば、即答できます。

　私／寅次郎は、恥ずかしながら、３日掛かりました。
　答は、もち論、デジタル表記です。

●●●answer

設問4の解答

① $(0.333\cdots) \times 4 = 0.121212\cdots$

② $(0.333\cdots) \times 10 = 0.303030\cdots$

解説

◆①について

$$
\begin{aligned}
(0.333\cdots) \times 4 = \ &0.333\cdots \\
+\ &0.333\cdots \\
+\ &0.333\cdots \\
+\ &0.333\cdots \\
\hline
&0.121212\cdots（答）
\end{aligned}
$$

　答は、レイテンイチニイチニ…ではありません。レイテンジュウニジュウニジュウニ…　です。

　上記の答は、小数点以下に（12）が無限に続く数です。これを切り上げてはいけません。

　なぜなら、0.121212…

　⇒　1.2121212…

　⇒　1.32121212…

　⇒　1.3321212…

となって、演算（切り上げ作業）は、永久に終息しません。

［設問２］で解説したように、

$$(0.333\cdots) \times 4 < 1.333\cdots$$

ですから、切り上げ作業は、成立しない演算（0.333…）×4 ＝1.333…を目指して、作業を続けることになります。
（0.333…）×4＝0.121212…の演算は完了しているのです。

◆②について
　演算結果は、0.303030…となって、小数点以下は、30が無限に続く数となります。
　もち論、切り上げてはいけません。

（0.333…）×4＝0.121212…です。

　右辺の0.121212…から、0.333…を引くと、

$$
\begin{array}{r}
0.121212\cdots \\
- 0.333\cdots \\
\hline
0.999\cdots
\end{array}
$$

となり、行きと帰りで、答が相異することは（P. 11）、ありません。

　ここで、他の循環小数についても検証してみましょう。

① $1 \div 1 = 1/1 = 1$

② $1 \div 2 = 1/2 = 0.5$

③ $1 \div 3 = 1/3 \Rightarrow 0.\dot{3}$

④ $1 \div 4 = 1/4 = 0.25$

⑤ $1 \div 5 = 1/5 = 0.2$

⑥ $1 \div 6 = 1/6 \Rightarrow 0.1\dot{6}$

⑦ $1 \div 7 = 1/7 \Rightarrow 0.\dot{1}4285\dot{7}$

⑧ $1 \div 8 = 1/8 = 0.125$

⑨ $1 \div 9 = 1/9 \Rightarrow 0.\dot{1}$

⑩ $1 \div 10 = 1/10 = 0.1$

⑪ $1 \div 11 = 1/11 \Rightarrow 0.\dot{0}\dot{9}$

⑫ $1 \div 12 = 1/12 \Rightarrow 0.08\dot{3}$

⑬ $1 \div 13 = 1/13 \Rightarrow 0.\dot{0}7692\dot{3}$

⑭ $1 \div 14 = 1/14 \Rightarrow 0.0\dot{7}1428\dot{5}$

⑮ $1 \div 15 = 1/15 \Rightarrow 0.0\dot{6}$

⑯ $1 \div 16 = 1/16 = 0.0625$

⑰ $1 \div 17 = 1/17 \Rightarrow 0.\dot{0}588235294117647$

⑱ $1 \div 18 = 1/18 \Rightarrow 0.0\dot{5}$

⑲ $1 \div 19 = 1/19 \Rightarrow 0.\dot{0}5263157894736842\dot{1}$

⑳ $1 \div 20 = 1/20 = 0.05$

（以下省略）

　殆どの分数は、割り切れず、割り算の結果は、循環小数となります。

　このことから、デジタル表記（10進数等）は、数を表わす能力（機能）が、極めて低いことに気付くべきです。

いくつかの循環小数について、演算してみましょう。循環小数の演算は、一寸した骨を要します。

(ア) $1 \div 6 = 1/6 > 0.1\dot{6}$ となる筈です。確かめてみましょう。

$$
\begin{aligned}
0.1\dot{6} \times 6 &= (0.1 + 0.0\dot{6}) \times 6 \\
&= 0.6 + 0.0\dot{6} \times 6 \\
&= 0.6 + 0.0\dot{3}\dot{6} \\
&= 0.6 + (0.0\dot{9}) \times 4
\end{aligned}
$$

$0.0\dot{9} < 0.1$ ゆえ

$$
\underbrace{< 0.6 + (0.1) \times 4}_{(=1)}
$$

即ち $0.1\dot{6} \times 6 < 1$

両辺を 6 で割って、

$$0.1\dot{6} < 1/6$$

(イ) $1 \div 7 = 1/7 > 0.\dot{1}4285\dot{7}$ となる筈です。

$$
\begin{aligned}
0.\dot{1}4285\dot{7} \times 7 &= 0.\dot{7}\,281456354\dot{9} \\
&= 0.\dot{7}\,28145639\,\dot{9} \\
&= 0.\dot{7}\,281459\,\dot{9}\,\dot{9} \\
&= 0.\dot{7}\,2819\,\dot{9}\,\dot{9}\,\dot{9} \\
&= 0.\dot{7}\,29\,\dot{9}\,\dot{9}\,\dot{9}\,\dot{9} \\
&= 0.\dot{9}\,\dot{9}\,\dot{9}\,\dot{9}\,\dot{9}\,\dot{9} \\
&< 1
\end{aligned}
$$

即ち、$0.\dot{1}4285\dot{7} \times 7 < 1$

$$0.\dot{1}4285\dot{7} < 1/7$$

(ウ) $0.\dot{1}4285\dot{7} \times 10$ を計算しましょう。

$0.\dot{1}4285\dot{7} \times 7 < 1$ です。

$$
\begin{aligned}
0.\dot{1}4285\dot{7} \times 10 &= 0.\dot{1}4285\dot{7} \times 7 + 0.\dot{1}4285\dot{7} \times 3 \\
&< 1 + 0.\dot{1}4285\dot{7} \times 3 \\
&= 1 + 0.\dot{4}2857\dot{1} \\
&= 1.\dot{4}2857\dot{1}
\end{aligned}
$$

即ち、$0.\dot{1}4285\dot{7} \times 10 < 1.\dot{4}2857\dot{1}$

(エ) $0.\dot{1}4285\dot{7} \times 10$ を別の方法で計算しましょう。

$$
\begin{aligned}
0.\dot{1}4285\dot{7} \times 10 &= 0.\dot{1}0402080507\dot{0} \\
&= 0.\dot{1}040208057\ \dot{0} \\
&= 0.\dot{1}040208 5\ 7\ \dot{0} \\
&= 0.\dot{1}040 2 8\ 5\ 7\ \dot{0} \\
&= 0.\dot{1}04 2\ 8\ 5\ 7\ \dot{0} \\
&= 0.\dot{1}4\ 2\ 8\ 5\ 7\ \dot{0}
\end{aligned}
$$

この数列の繰り返し

小数第 1 位の 14 を繰り上げてはいけません。

もし、繰り上げると、

通り過ぎて

$0.\dot{1}4285\dot{7} \times 10$

$\Rightarrow 1.428570$

              1428570

                    1428570

となって、切り上げ作業は、永久に終わりません。

$$0.\dot{1}4285\dot{7} \times 10 < 1.\dot{4}2857\dot{1}$$

を逸脱する演算をしてはいけません。

◆循環小数の計算例（その１）

$\dfrac{1}{12} > 0.08\dot{3}$ となる筈です。

$$\dfrac{1}{12} - 0.08 > 0.00\dot{3}$$

$$\dfrac{1}{12} \cdot (\,1 - 0.08 \cdot 12) > 0.00\dot{3}$$

$$\dfrac{1}{12} \cdot \dfrac{1}{25} > 0.00\dot{3}$$

25

$$\frac{1}{300} > 0.00\dot{3}$$

$$1 > 0.00\dot{3} \times 300$$
$$1 > 0.00\dot{9} \times 100$$

両辺を 100 で割って、

$$0.01 > 0.00\dot{9}\ （成立）$$

◆ 循環小数の計算例（その２）

$1/13 > 0.\dot{0}7692\dot{3}$ となる筈です。

（×13）

$\dot{0}$	0
7	91
6	78
9	117
2	26
$\dot{3}$	39

◇下から上へ計算します。

◦ 3 の桁

　$3 \times 13 = 39$。9 を残して 30 を 2 の桁に加えます。

◦ 2 の桁

　$2 \times 13 + 3 = 29$。9 を残して 20 を 9 の桁に加える。

◦ 9 の桁

$9 \times 13 + 2 = 119$。9を残して110を6の桁に加える。

⬦ 6の桁

$6 \times 13 + 11 = 89$。9を残して80を7の桁に加える。

⬦ 7の桁

$7 \times 13 + 8 = 99$。9を残して90を0の桁に加える。

⬦ 0の桁

$0 \times 13 + 9 = 9$

そうすると、

$1/13 > 0.\dot{0}7692\dot{3}$

$1 > 0.\dot{0}7692\dot{3} \times 13$

$1 > 0.\dot{9}9999\dot{9}$（成立）

◆循環小数の計算例（その３）

$1/14 > 0.0\dot{7}1428\dot{5}$ となる筈です。

$0 .(\times 14)$

0	0				
$\dot{7}$	98	+ 1	99	99	90
1	14	+ 5	19	9	90
4	56	+ 3	59	9	90
2	28	+ 11	39	9	90
8	112	+ 7	119	9	90
$\dot{5}$	70		70	0	90

⬦ 5の桁

0 を残して 70 を 8 の桁に加える。

◇ 8 の桁

$8 \times 14 + 7 = 119$。9 を残して 110 を 2 の桁に繰り上げ。

◇ 2 の桁

$2 \times 14 + 11 = 39$。9 を残して 30 を 4 の桁に繰り上げ。

◇ 4 の桁

$4 \times 14 + 3 = 59$。9 を残して 50 を 1 の桁に繰り上げ。

◇ 1 の桁

$1 \times 14 + 5 = 19$。9 を残して 10 を 7 の桁に繰り上げ。

◇ 7 の桁

$7 \times 14 + 1 = 99$

そうすると

$$1/14 > 0.\dot{0}71428\dot{5}$$
$$1 > 0.\dot{0}71428\dot{5} \times 14$$
$$= 0.0\overset{\frown}{90}90909090\dot{9}0$$
$$= 0.\dot{0}99999\dot{9} \times 10$$

両辺を 10 で割って

$$0.1 > 0.\dot{0}99999\dot{9}$$

（成立）

◆循環小数の計算例（その４）

$1/28 > 0.0\dot{3}57142\dot{8}$ となる筈です。

右上: 通り過ぎて

$1/28 - 0.03 > 0.00\dot{5}7142\dot{8}$

$1/28\,(\,1 - 0.03 \times 28) > 0.00\dot{5}7142\dot{8}$

$1/28 \cdot 4/25 > 0.00\dot{5}7142\dot{8}$

$1/7 \cdot 1/25 > 0.00\dot{5}7142\dot{8}$

$1 > 0.00\dot{5}7142\dot{8} \times 175$

$(\times 175)$

$\dot{5}$	875	$+124$	999	$\dot{9}9\dot{9}$	$\dot{9}0\dot{0}$
7	1225	$+24$	1249	9	900
1	175	$+74$	249	9	900
4	700	$+49$	749	9	900
2	350	$+140$	490	0	900
$\dot{8}$	1400			$\dot{0}$	$\dot{9}0\dot{0}$

すると、

$1 > 0.00\dot{5}7142\dot{8} \times 175$

$= 0.00\dot{9}0090090090090090\dot{0}$

$= 0.00\dot{9}99999\dot{9} \times 100$

両辺を100で割って

$0.01 > 0.00\dot{9}99999\dot{9}$

（成立）

●●● **question**

設問5

$\sqrt{2}$は、無理数であるのか、有理数であるのか、理由を付して解答しなさい。

■ コメント

念の為に確認します。

『無理数とは、分数で表わすことができない数であり、その数の大きさが特定できない数（例えば、循環小数）です。

有理数とは、分数で表わすことができる数であり、（※）その数の大きさが特定できる数（例えば1/3）です』

古代ギリシャの時代より、数学者達は、口を揃えて「$\sqrt{2}$は無理数だ」と結論しており、現行数学でもこれを踏襲しています。

本設問は、「猿の惑星」が現実に存在することを証する為の白眉とも云える設問です。

尚、本設問は、中学生程度の演算能力が、あれば、解答できます。

（※）この考え方は、必ずしも妥当でありません（後述）。
　　　ここでは、スルーして下さい。

通り過ぎて

●●● **answer**

設問5の解答

$\sqrt{2}$＝有理数です。

解説

　高校生向けの数学の参考書を見ると、どの参考書も、それぞれ理由を付して、$\sqrt{2}$は無理数だと結論しています。

　私/寅次郎は、$\sqrt{2}$＝有理数であることの説明方法をここでは二つ提示します。

◆その1

　$\sqrt{2} \times \sqrt{2}$＝2ですね。

　もし、$\sqrt{2}$＝無理数（数の大きさが特定できない数）だと仮定すると、

　　$\sqrt{2}$（無理数）$\times \sqrt{2}$（無理数）＝2

となります。

　2は、云うまでもなく有理数ですから、

　　（無理数）$\times$（無理数）＝有理数

となりますが、これは、論理的に成立しません。よって、$\sqrt{2}$＝有理数です。

31

◆その1の続き

これを、幾何学的視点から説明しましょう。

一辺の長さが1である正方形を考えます。この正方形の対角線の長さは、$\sqrt{2}$です。

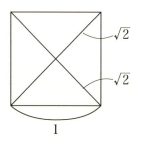

もし、$\sqrt{2}$＝無理数と仮定すると、対角線の長さは特定できないことになります。

そうすると、正方形の形状は特定できないことになります。

$\sqrt{2}$が特定できる数（分数で表わせる数）と仮定すると、対角線の長さも特定できるので、正方形の形状も特定できることになります。

故に、$\sqrt{2}$＝有理数です。

◆その2

$$\sqrt{2} = b/a \quad (a、b=正の整数) \qquad (ア)$$

と仮定します。
式(ア)の両辺を平方します。

$$2 = \frac{b^2}{a^2} \qquad (イ)$$

すると、$2 \cdot a^2 = b^2$ （ウ）

式(ウ)は、次のように変形できます。

32

$$a^2 + a^2 = b^2 \qquad\qquad (エ)$$

式(ウ)は、中学生のときに学習した著名な定理を表わしています。

もっとも、その時は、$A^2 + B^2 = C^2$

という形で習いました。

すると、式(エ)は、二等辺直角三角形におけるピタゴラスの定理だということになります（長辺 = b、短辺 = a）。

二等辺直角三角形の辺長の比は、$b/a = \sqrt{2}$です。これは、上記(ア)でした仮定と一致します。

よって、$\sqrt{2}$ = 有理数です。

数学者の中には、次のように考えて、$\sqrt{2}$ = 無理数と結論した人がいます。

$\sqrt{2} = b/a$（a、b = 正の整数）と仮定して、両辺を平方すると、

$$2 = b^2/a^2$$
$$2a^2 = b^2 \qquad\qquad (オ)$$

左辺 = $2a^2$ = 偶数ゆえ、b = 偶数の筈だ。すると、左辺の中の2の数と、右辺の中の2の数は、同一の筈だ。そこで

$$a = 2^x \cdot \tilde{a} \ (x、\tilde{a} = 整数)$$
$$b = 2^y \cdot \tilde{b} \ (y、\tilde{b} = 整数)$$

$\left.\right)$ $\tilde{a}$、$\tilde{b}$ は2を含まない整数

とおくと、式(オ)の

左辺 $= 2a^2 = 2 \cdot (2^x \cdot \widetilde{a})^2 = 2^{2x+1} \cdot \widetilde{a}^2$
右辺 $= b^2 = (2^y \cdot \widetilde{b})^2 = 2^{2y} \cdot \widetilde{b}^2$

すると、

左辺の2の数 $= 2x + 1 =$ 奇数
右辺の 〃 $= 2y =$ 偶数

これは、成立しない。よって $\sqrt{2} = b/a$ と仮定したのは誤りだ。よって $\sqrt{2} =$ 無理数だ。

この考え方が、誤っていることは、容易に分かります。

$\sqrt{9} = 3 = 3/1$ です。

両辺を平方すると

$9 = 3^2/1^2$
$9 \cdot 1^2 = 3^2$

この人は、左辺の9を見て、右辺の3の中に9が存在すると考えたのです。

そうではなく、9は、左辺に存在する 1^2 の数を表わしているのです。

34

通り過ぎて

　前記、式(オ)（$2a^2 = b^2$）の左辺に表われた 2 は、b の中に存在するのではなく、左辺に存在する a^2 の数を表わすのです。即ち、

$$2a^2 = b^2 \Rightarrow a^2 + a^2 = b^2$$

　又、他の数学者（著名国立大学の理学部を卒業したドクターだそうです）は、別の理論で $\sqrt{2}$＝無理数と結論しています。

　その理論は、難解（私には）であり、解読する気にならないので、スルーしました。
　なぜなら、$\sqrt{2}$ は、具体的に有理数として表わせるのですから（後述）。
　数学者達が、$\sqrt{2}$＝無理数と考えたのは、解法その 2 において、(ウ)$2a^2 = b^2$ から (エ)（$a^2 + a^2 = b^2$）が発想できなかったからではないかと思います。

●●● **question**

設問6

i $(i^2 = -1)$ は、有理数であるのか、無理数であるのか、理由を付して答えなさい。

通り過ぎて

●●● answer

設問6の解答

$i =$ 有理数です。

解説

以下のように考えることができます。

◆その1

$i \times i = -1$です。

-1は、有理数です。

もし、$i =$ 無理数と仮定すると、

　i（無理数）$\times i$（無理数）$= -1$　（有理数）

ということになりますが、これは、論理的に成立しません。

故に、$i =$ 有理数です。

◆その2

$i = b/a$ とおきます。（a、$b =$ 整数）

両辺を平方すると、

　$i^2 = b^2/a^2$

すると

37

$$i^2 \cdot a^2 = b^2$$
$$- a^2 = b^2$$

$$- \frac{a^2}{2} - \frac{a^2}{2} = b^2$$

両辺を a^2 で割ると、

$$- \frac{1}{2} - \frac{1}{2} = \frac{b^2}{a^2} \qquad (ア)$$

$b^2/a^2 = -1$ ですから、式(ア)の等号は、成立しています。ということは、$i = b/a$ が、成立しているので、i は有理数ということになります。

又、次のようにも考えられます。

◆その3
$$i^2 = b^2/a^2 \quad (i = b/a \quad a、b = 整数)$$
$$- 1 = b^2/a^2$$
$$- a^2 = b^2$$
$$a^2 - 2 \cdot a^2 = b^2$$

両辺を a^2 で割ると、

$$1 - 2 = b^2/a^2 \qquad (イ)$$

$b^2/a^2 = -1$ 故、式(イ)の等号は成立しています。即ち、$i = a/b$ は成立するので、$i = $ 有理数です。

38

［設問3］の〈コメント〉P. 18に掲げた、数の分類は下のようになります。

$$
\text{数} \begin{cases} \text{有理数} \begin{cases} \text{実数} \\ \text{虚数} \end{cases} \\ \text{無理数} \end{cases}
$$

備考）$3+2i$ は有理数
　　　$5+0.\overset{\cdot}{3}i$ は無理数です。

●●● **question**

設問7

A^B（A の B 乗）は、AB が有理数であれば、$A^B =$ 有理数であることを証明しなさい。

通り過ぎて

●●● **answer**

設問７の解答

A^B において、$A = b/a$　$B = d/c$ とおくと（a、b、c、d は全て正の整数です）

$$A^B = \left(\frac{b}{a}\right)^{\frac{d}{c}} \qquad\qquad (ア)$$

(ア)の右辺を、

$$\left(\frac{b}{a}\right)^{\frac{d}{c}} = \frac{n}{N} \qquad\qquad (イ)$$

とおきます（n、N は、整数です）。
(イ)の両辺を c 乗します。

$$\left(\frac{b}{a}\right)^{d} = \frac{n^c}{N^c}$$

すると、$b^d \cdot N^c = a^d \cdot n^c$
この式は、次のように変形できます。

$$\underbrace{N^c + N^c + \cdots + N^c}_{b^d\,個} = \underbrace{n^c + n^c + \cdots + n^c}_{a^d\,個} \qquad (ウ)$$

式(ウ)の両辺を N^c で割ると、

41

$$\underbrace{\frac{N^c}{N^c} + \frac{N^c}{N^c} + \cdots + \frac{N^c}{N^c}}_{b^d \text{ 個}} = \underbrace{\frac{n^c}{N^c} + \frac{n^c}{N^c} + \cdots + \frac{n^c}{N^c}}_{a^d \text{ 個}}$$

左辺 $= N^c/N^c (=1) \cdot b^d = b^d$

右辺 $= n^c/N^c (=(b/a)^d) \cdot a^d = b^d$

左辺＝右辺となるので、式(イ)

$$\left(\frac{b}{a}\right)^{\frac{d}{c}} = \frac{n}{N}$$

が成立しています。

よって、A^B は、A、B が有理数であれば

$A^B =$ 有理数

です。

尚、式(ウ)の両辺を n^c で割ると、

$$\underbrace{\frac{N^c}{n^c} + \frac{N^c}{n^c} + \cdots + \frac{N^c}{n^c}}_{b^d \text{ 個}} = \underbrace{\frac{n^c}{n^c} + \frac{n^c}{n^c} + \cdots + \frac{n^c}{n^c}}_{a^d \text{ 個}}$$

左辺 $= N^c/n^c (=(a/b)^d) \cdot b^d = a^d$

右辺 $= n^c/n^c (=1) \cdot a^d = a^d$

この場合も、左辺＝右辺となり、式(イ)が成立しています。

通り過ぎて

又、式㋐において、A＜0である場合も、

$$\left(-\frac{b}{a}\right)^{\frac{d}{c}} = \frac{n}{N}$$ が成立します。

各自、トライしてみて下さい。
又、式㋐において

A＜0　B＞0
A＜0　B＜0

の場合も、同様に証明できます。各自、トライしてみて下さい。

◆具体例

$$\left(-\frac{2}{3}\right)^{\frac{1}{2}} = \frac{n}{N}$$

両辺を平方して、

$$-\frac{2}{3} = \frac{n^2}{N^2}$$

変形して、

$$-2{\cdot}N^2 = 3n^2$$
$$-N^2 - N^2 = n^2 + n^2 + n^2$$

43

両辺を N^2 で割って

$$\underbrace{-\frac{N^2}{N^2} - \frac{N^2}{N^2}}_{-1 \cdot 2 = -2} = \underbrace{\frac{n^2}{N^2} + \frac{n^2}{N^2} + \frac{n^2}{N^2}}_{-\frac{2}{3} \cdot 3 = -2}$$

成立。

ところで、

$\sqrt{2} = 2^{1/2}$ です。

$\sqrt{2}$ を有理数で表わすと、$2^{1/2}$ であることに気が付きましたか？

$i = (-1)^{1/2}$ です。

右辺は、$-1 =$ 有理数、$1/2 =$ 有理数であり、i は有理数のみで構成されているので、$i =$ 有理数であることは、一目瞭然です。

〈設問7の解答〉で、A^B は、$A =$ 有理数、$B =$ 有理数であれば、$A^B =$ 有理数であることをくどくど説明しましたが、極めて当り前のことです。

「設問5」の〈コメント〉で、「有理数とは分数で表わすことのできる数」と考えることは、必ずしも妥当でないと云いまし

通り過ぎて

たが、その理由はここにあります。次の数も有理数ですよ。念
のため。

$$(3+2i)^{2/5}$$

45

●●● **question**

設問8

$\sqrt{2}$ （$=2^{1/2}$）を、具体的に分数として表わしなさい。

通り過ぎて

●●● **answer**

設問８の解答

解答は、解説の最後で示します。

解説

「テイラー展開」という手法を利用します。テイラー展開とは、関数 $f(x)$ を次のように展開する手法です。理系の学生は、大学で習います。

$$f(x)=f(\alpha)+\frac{f'(\alpha)}{1!}(x-\alpha)+\frac{f''(\alpha)}{2!}(x-\alpha)^2$$

$$+\frac{f^{(3)}(\alpha)}{3!}(x-\alpha)^3+\cdots+\frac{f^{(n)}(\alpha)}{n!}(x-\alpha)^n+\cdots$$

（ α = 定数です）

この式が成立していることは、容易に理解出来るでしょう。世の中には、頭の良い人が居るものだと思います。

ただし、この展開式は、右辺の級数が特定の数に収束しなければ、利用価値は有りません。

又、収束することが明らかであっても、$f^{(n)}(\alpha)/n!$ に規則性が無ければ、利用価値はありません。細かい説明は省略します。

47

$\alpha = 0$ とおくと、展開式は、

$$f(x) = f(0) + \frac{f'(0)}{1!} \cdot x + \frac{f''(0)}{2!} \cdot x^2$$

$$+ \frac{f^{(3)}(0)}{3!} \cdot x^3 + \cdots + \frac{f^{(n)}(0)}{n!} \cdot x^n + \cdots \qquad (あ)$$

となり、この形が利用出来る場合は、後の演算が楽になります。

$2^{1/2}$ を算出するために、

$$f(x) = (a^2 + x)^{1/2} \quad (a > 0) \quad とおいて \quad (a:定数)$$

これをテイラー展開します。(あ)を利用します。すると、

$$f(x) = (a^2 + x)^{1/2} = a + \frac{x}{2a}$$

$$+ \sum_{n=2} (-1)^{n+1} \frac{(2n-3)!}{n! \cdot (n-2)!} \cdot \frac{x^n}{2^{2n-2} \cdot a^{2n-1}} \qquad (い)$$

となります。

ここで、$a = 5/4$　$x = 7/16$ として式(い)に代入して整理すると、

$$2^{1/2} = \frac{57}{40} + \sum_{n=2} (-1)^{n+1} \frac{(2n-3)!}{n! \cdot (n-2)!} \cdot \frac{7^n}{2^{2n} \cdot 5^{2n-1}} \qquad (う)$$

48

となります。

電卓で計算すると、

$$n = 10 で \quad 右辺 = 1.414213556$$
$$11 で \quad = 1.414213564$$
$$12 で \quad = 1.414213562$$

式(う)の右辺は、全て分数（有理数）どうしの加減算なので、$2^{1/2} = \sqrt{2}$は、有理数です。

●●● **question**

設問9

　前問の解答で、$2^{1/2}$を分数で表わすことができましたが、この解答は、間違っていることを説明しなさい。

■ コメント

　自分で解法を示しておき乍^{なが}ら、「解答が間違っている」とは「何たる云い種^{ぐさ}だ！」と思う人も居ると思います。

　しかし、基本的なことを見逃すと、この解答が間違っていることに気付くことができません。

通り過ぎて

●●● **answer**

設問9の解答

前設問の解説に示した式(う)をバラしてみましょう。

$$2^{1/2} = \frac{57}{40} + \sum_{n=2} (-1)^{n+1} \frac{(2n-3)!}{n!\,(n-2)!} \cdot \frac{7^n}{2^{2n} \cdot 5^{2n-1}} \qquad (う)$$

$$2^{1/2} = \frac{57}{40} +$$

$$n = 2 \text{ 項目} = -\frac{1!}{2!\,0!} \cdot \frac{7^2}{2^4 \cdot 5^3}$$

計 $\dfrac{14125}{10^5} = 1.41275$

$$n = 3 \text{ 項目} = \frac{3!}{3!\,1!} \cdot \frac{7^3}{2^6 \cdot 5^5}$$

$$n = 4 \text{ 項目} = -\frac{5!}{4!\,2!} \cdot \frac{7^4}{2^8 \cdot 5^7}$$

計 $\dfrac{7^3 \cdot 193}{4 \cdot 10^7}$
$= 1.654975 \times 10^{-3}$

$$n = 5 \text{ 項目} = \frac{7!}{5!\,3!} \cdot \frac{7^5}{2^{10} \cdot 5^9}$$

$$n = 6 \text{ 項目} = -\frac{9!}{6!\,4!} \cdot \frac{7^6}{2^{12} \cdot 5^{11}}$$

計 $\dfrac{7^6 \cdot 7^9}{2 \cdot 10^{11}}$
$= 4.6471355 \times 10^{-5}$

以下省略

51

すると、式(う)の右辺は、正の有理数の合算となります。又、
計に示した分数は、全て割り切れる数です。ということは、

$$2^{1/2} = 1.41421356\cdots（有理数）\qquad\qquad （う）'$$

が成立しています。

　式(う)' を見て、間違いに気付きませんか？
　$2^{1/2}$ は、分数（＝有理数）で表わされており、電卓で計算す
ると、$2^{1/2}$ は、（1.41421356…）に収束するのだから、「何処に
問題があるのか？」と考える人が居るかも知れません。
　しかし、そうではありません。
　式(う)' を見ると、

$$2^{1/2} = 1.41421356\cdots\qquad\qquad （う）'$$

となっており、等号（＝）が成立しています。
　この等号が成立していること自体が、問題なのです。
　何故なら、(う)' の両辺を2乗すると、

$$左辺 = 2^{1/2} \times 2^{1/2} = 2$$

となります。

　しかし、右辺の数（1.41421356…）を平方しても、その積は
絶対に2にはなりません。（1.41421356…）は、小数点以下に

0以外の数が存在しており、これを平方しても2（整数）には
なりません。

　更に云うと、（1.41421356…）は、小数点以下の桁数を多く
する程、これを平方した数は、2に近付いていきますが、絶対
に2にはなりません。つまり、

　　$1.414^2 = 1.999396$

　　$1.4142^2 = 1.99996164$

　　$1.41421^2 = 1.9999899241$

　　（中途省略）

　　$1.41421356^2 = 1.9999999932(8)…$

　となります。

　即ち、$2^{1/2}$（有理数）＞1.41421356…（無理数）の関係が出て
こなければなりません。

　テイラー展開そのものに欠陥があるのでしょうか？　そうで
はありません。

　結論を云うと、式(い)に $a = 5/4$　$x = 7/16$

　と設定した事がマズかったのです。

　$a = 9/7$　$x = 17/49$ と設定し直して式(い)に代入しましょう。
すると、

$$2^{1/2} = \frac{179}{126} + \sum_{n=2} (-1)^{n+1} \frac{(2n-3)\,!}{n\,!\,(n-2)\,!} \cdot \frac{17^n}{2^{2n-2} \cdot 3^{4n-2} \cdot 7} \qquad (え)$$

　電卓で計算すると、

53

$$n = 8 \text{ で } \quad \text{右辺} = 1.414213553$$
$$9 \text{ で } \quad = 1.414213564$$
$$10 \text{ で } \quad = 1.414213562$$

式(え)の右辺は、総て分数どうしの加減算なので、$2^{1/2} =$ 有理数です。

さて、

$$2^{1/2} > 1.41421356\cdots$$

の関係が存在するのか調べましょう。

$$2^{1/2} = \frac{179}{126} + \sum_{n=2}(-1)^{n+1} \frac{(2n-3)!}{n!\,(n-2)!} \cdot \frac{17^n}{2^{2n-2} \cdot 3^{4n-2} \cdot 7} \qquad \text{(え)}$$

式(え)の右辺を展開し、(奇数項)＋(偶数項) を小さい項から順に計算しましょう。$2^{1/2} =$

$$n = 1 \quad \frac{179}{126}$$

$$n = 2 \quad -\frac{1!}{2!\,0!} \cdot \frac{17^2}{2^2 \cdot 3^6 \cdot 7}$$

$$\left. \begin{array}{c} \\ \\ \end{array} \right\} \text{ 計 } \frac{57707}{2^3 \cdot 3^6 \cdot 7}$$

$$> 1.413\cdots$$

（循環小数）

通り過ぎて

$$n = 3 \quad \frac{3!}{3!\,1!} \cdot \frac{17^3}{2^4 \cdot 3^{10} \cdot 7}$$

$$n = 4 \quad -\frac{5!}{4!\,2!} \cdot \frac{17^4}{2^6 \cdot 3^{14} \cdot 7}$$

計 $\dfrac{17^3 \cdot 563}{2^7 \cdot 3^{14} \cdot 7}$

$> 6.454\cdots \times 10^{-4}$

（循環小数）

$$n = 5 \quad \frac{7!}{5!\,3!} \cdot \frac{17^5}{2^8 \cdot 3^{18} \cdot 7}$$

$$n = 6 \quad -\frac{9!}{6!\,4!} \cdot \frac{17^6}{2^{10} \cdot 3^{22} \cdot 7}$$

計 $\dfrac{17^5 \cdot 91}{2^{10} \cdot 3^{21}}$

$> 1.206\cdots \times 10^{-5}$

（循環小数）

　すると、計に示した分数は、総て割り切れないので、割り算の結果は、総て循環小数（無理数）となります。

　循環小数の合算が（$1.41421356\cdots$）となり、

　$2^{1/2}$（計に示した正の分数の合計）$> 1.41421356\cdots$

となります。

　式(う)で算出した数は、$2^{1/2}$（有理数）に近似する有理数です。

　式(え)の右辺を見て、右辺のΣの部分が無限級数だから、$2^{1/2}$が無理数になるのだ、と理解している人がいるようです。

　そうでは、ありません。

55

割り切れない分数をデジタル表示する際に循環小数、即ち、無理数となるのです。

関数 $f(x)$ をテイラー展開して、その級数が特定の数に収束する場合、級数は無限ではなく、級数末尾の項は、0 になります。この場合、級数は、無限ではなく有限です。

n が大きくなるにつれて、級数を構成する分数は段々小さくなり、遂には0になるのです。これについては、別の設問で少し説明することとし、ここでは割愛します。

ここのところは、0 が如何なる性質を有する数であるのかを把握しないと、理解できません。

0 については、PART II で説明します。

［設問5］では、$2^{1/2} = b/a$（a、b、整数）とおいて、$2^{1/2}$ が有理数であることを証明しました。

しかし、式(え)に示すように、b/a は、決して単純な形の分数としては、表わすことはできません。

通り過ぎて

●●● question

設問10

$y = \tan \theta$ である場合、テイラー展開を利用して

$$\theta = f(y)$$

を算出しなさい。

コメント

　高校生向けのほとんどの参考書は、理由を付すことなく、π ＝無理数と結論しています。

　参考書の中には、ある数学者の論文を引用して、π ＝無理数と証明している場合もあります。

　$\theta = f(y)$ が算出できると、興味深い事実が判明します。

●●● **answer**

設問10の解答

◆その1

テイラー展開を再掲します。

$$f(x) = f(0) + \frac{f'(0)}{1!} \cdot x + \frac{f''(0)}{2!} \cdot x^2 + \cdots$$

$$+ \frac{f^{(n)}(0)}{n!} \cdot x^n + \cdots$$

$y = \tan \theta$ です。

$$\theta(y) = \theta(0) + \frac{\theta'(0)}{1!} \cdot y + \frac{\theta''(0)}{2!} \cdot y^2 + \cdots$$

$$+ \frac{\theta^{(n)}(0)}{n!} \cdot y^n + \cdots \qquad (あ)$$

を算出しましょう。

① $\theta(0)$ の算出

　　$\theta = 0$ で　$y = \tan \theta = \tan 0 = 0$

　　$\theta(y)$ は、$y = 0$ で、$\theta(0) - 0$ です。

58

通り過ぎて

② $\theta'(0)$ の算出

$$\frac{dy}{d\theta} = \frac{\cos^2\theta + \sin^2\theta}{\cos^2\theta} = 1 + \tan^2\theta = 1 + y^2$$

$$\frac{d\theta}{dy} = \frac{1}{1+y^2} = \frac{1}{2}\left(\frac{1}{1+iy} + \frac{1}{1-iy}\right)$$

$y = 0$ で　$\theta'(0) = 1$

③ $\theta''(0)$

$$\theta'' = \frac{1}{2}\left[-(1+iy)^{-2}\cdot i + (-1)(1-iy)^{-2}\cdot(-i)\right]$$

$y = 0$ で　$\theta''(0) = 0$

④ $\theta^{(3)}(0)$ の算出

$$\theta^{(3)} = \frac{1}{2}\left[(-1)(-2)(1+iy)^{-3}\cdot i^2 + (-1)(-2)\right.$$

$$\left.(1-iy)^{-3}\cdot(-i)^2\right]$$

$\theta^{(3)}(0) = -2!$

59

⑤ $\theta^{(4)}(0)$

$$\theta^{(4)} = \frac{1}{2}\left[(-1)(-2)(-3)(1+iy)^{-4}\cdot i^3\right.$$

$$\left.+(-1)(-2)(-3)(1-iy)^{-4}\cdot(-i)^3\right]$$

$$\theta^{(4)}(0) = 0$$

⑥ $\theta^{(5)}(0)$

$$\theta^{(5)} = \frac{1}{2}\left[(-1)(-2)(-3)(-4)(1+iy)^{-5}\cdot i^4\right.$$

$$\left.+(-1)(-2)(-3)(-4)(1-iy)^{-5}\cdot(-i)^4\right]$$

$$\theta^{(5)}(0) = 4\,!$$

⑦ $\theta^{(6)}(0)$

$$\theta^{(6)} = \frac{1}{2}\left[(-1)(-2)(-3)(-4)(-5)(1+iy)^{-6}\cdot i^5\right.$$

$$\left.+(-1)(-2)(-3)(-4)(-5)(1-iy)^{-6}\cdot(-i)^5\right]$$

$$\theta^{(6)}(0) = 0$$

通り過ぎて

⑧ $\theta^{(7)}(0)$ の算出

$$\theta^{(7)} = \frac{1}{2}\Big[(-1)(-2)(-3)(-4)(-5)(-6)(1+iy)^{-7}\cdot$$

$$i^6 + (-1)(-2)(-3)(-4)(-5)(-6)(1-iy)^{-7}\cdot(-i)^6\Big]$$

$$\theta^{(7)}(0) = -6\,!$$

（以下省略）

式㋐に代入すると、

$$\theta(y) = y - \frac{y^3}{3} + \frac{y^5}{5} - \frac{y^7}{7} + \cdots \qquad \text{㋐}'$$

$\theta = \pi/4$ で $y = \tan\theta = \tan(\pi/4) = 1$ ゆえ、これを上式に代入すると、

$$\theta(1) = \pi/4 = 1 - \frac{1}{3} + \frac{1}{5} - \frac{1}{7} + \cdots = \sum_{n=1}\frac{(-1)^{n+1}}{2n-1} \quad \text{㋑}$$

すると、

$$\pi = 4 \times \left(1 - \frac{1}{3} + \frac{1}{5} - \frac{1}{7} + \cdots\right) \qquad \text{㋒}$$

式㋒の右辺＝有理数ですから、π＝有理数です。

次頁で、π と無理数との関係を調べましょう。

尚、式㋑は、理系の大学生なら、誰でも知っている式です。

式㋒を次のように変形します。

61

$$\pi = 4 \times \left(1 - \frac{1}{3} + \frac{1}{5} - \frac{1}{7} + \frac{1}{9} - \frac{1}{11} + \cdots \right)$$

$$= 4 \times \left(\frac{2}{3} + \frac{2}{5 \cdot 7} + \frac{2}{9 \cdot 11} + \cdots \right)$$

$$= \frac{8}{3} + \frac{8}{5 \cdot 7} + \frac{8}{9 \cdot 11} + \cdots + \frac{8}{(4n-3)(4n-1)} + \cdots \qquad \text{(う)}'$$

式(う)の各分数をデジタル表記すると、$\pi = \dfrac{8}{3} > 2.\dot{6}$

$$+ \frac{8}{5 \cdot 7} > 0.2\dot{2}857142$$

$$+ \frac{8}{9 \cdot 11} > 0.\ddot{0}\dot{8}$$

（以下省略）

以上の計算より、分数を合算した数、

$$\pi = \frac{8}{3} + \frac{8}{5 \cdot 7} + \frac{8}{9 \cdot 11} + \cdots$$

は、デジタル表記を合算した数（無埋数）

通り過ぎて

$$2.\dot{6} + 0.22\dot{8}5714\dot{2} + 0.\dot{0}\dot{8} + \cdots$$

よりも大きいことが分かります。

◆その2

$$\tan 2\theta = \frac{\sin 2\theta}{\cos 2\theta} = \frac{2\sin\theta \cdot \cos\theta}{\cos^2\theta - \sin^2\theta}$$

$$= \frac{\dfrac{2\sin\theta \cdot \cos\theta}{\cos^2\theta}}{\dfrac{\cos^2\theta}{\cos^2\theta} - \dfrac{\sin^2\theta}{\cos^2\theta}} = \frac{2\tan\theta}{1 - \tan^2\theta}$$

すると、$\tan 2\theta = \dfrac{2\tan\theta}{1 - \tan^2\theta}$

この式を、$\tan\theta$ について解くと、

$$\tan\theta = -\frac{1}{\tan 2\theta} \pm \left(\frac{1}{\tan^2 2\theta} + 1\right)^{\frac{1}{2}} \qquad (\mathcal{P})$$

（＋）を採用して、

$$\tan\theta = -\frac{1}{\tan 2\theta} + \left(\frac{1}{\tan^2 2\theta} + 1\right)^{\frac{1}{2}} \qquad (\mathcal{P})'$$

ここで、$2\theta = \pi/6$（$\theta = \pi/12$）とおくと、

63

$$\tan 2\theta = \tan \pi/6 = 1/\sqrt{3}$$

これを式(ア)に代入して、

$$\tan(\pi/12) = -\frac{1}{1/\sqrt{3}} + \left(\frac{1}{(1/\sqrt{3})^2} + 1\right)^{\frac{1}{2}}$$

$$= -\sqrt{3} + 2$$

$y = -\sqrt{3} + 2$、$\theta = \pi/12$を式(あ)′ に代入すると

$$n = 9 \quad \text{で} \quad \pi \Rightarrow 3.14159265\cdots$$
$$10 \quad \text{で} \quad \pi \quad (※)$$

(※) 電卓では、$n = 10$で、演算結果＝πと表示されますが、これは電卓の計算方法に起因するのであり、電卓では、$\pi = 3.14159265358980$と設定して、

$$\pi = 3.14159265358793\cdots$$

より、少し大きな数を使用しています。
もち論、本当は、式(う)′ に示したように

$$\pi(有理数) = 8/3 + 8/5\cdot7 + 8/9\cdot11 + \cdots$$
$$> 3.1415926535\cdots(無理数)$$

が正しいのです。

64

通り過ぎて

$n = 10$ で、π になることはありません。

式(ア)で（＋）を採用したのは、

$\theta = \pi/6$ で $\tan(\pi/6) = 1/\sqrt{3}$、$\tan(2\theta) = \tan\dfrac{\pi}{3} = \sqrt{3}$

です。これを式(ア)に代入すると式(ア)′が成立することが分かります。

◆その３
　π（円周率）が、有理数であることを証明する方法は、他にも有ります。

　下図に示す、三辺の長さが、５と４と３とから成る三角形を見て下さい（斜辺の長さが５です）。
　この三角形が、直角三角形であることは、容易に理解できるでしょう（三辺の間に、ピタゴラスの定理、即ち $5^2 = 4^2 + 3^2$ が成立しているのですから）。
　すると、この三角形の三辺は、全て有理数なので、三角形の形状は特定されています。ということは、三角形の三個の角度も特定されていることにな

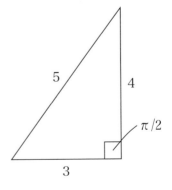

65

り、辺 4 と辺 3 に挟まれる角＝$\pi/2$ も特定される数、即ち、有理数だということになります。当然、π も特定される数＝有理数ということになります。

　もし、π＝無理数だと仮定すると、$\pi/2$ はもち論、他の二つの角も、特定できない数、即ち、無理数となるので、有理数である辺で特定された形状が、特定できなくなり、矛盾が生じることとなります。

　π が無理数であってはならないのです。

通り過ぎて

●●● **question**

設問11

e（自然対数の底）について、以下のことを証明しなさい。

① e（＝有理数）＞2.71828182…（＝無理数）

② e＝(奇数)/(偶数)

●●● **answer**

設問11の解答

$f(x) = e^x$ とおいて、$f(x)$ をテイラー展開すると、

$$e^x = 1 + \frac{x}{1!} + \frac{x^2}{2!} + \frac{x^3}{3!} + \cdots = \sum_{n=0} \frac{x^n}{n!}$$

$x = 1$ と設定すると、

$$e = 1 + \frac{1}{1!} + \frac{1}{2!} + \frac{1}{3!} + \cdots = \sum_{n=0} \frac{1}{n!} \qquad \text{(あ)}$$

式(あ)の右辺は、全て分数（有理数）どうしの合算ゆえ、e ＝有理数です。

式(あ)の右辺をデジタル表記すると、

$n = 0 \sim 2$ の計 ＝5/2 ＝2.5
$n = 3$ で $\quad 1/3! = 1/6 > 0.1\dot{6}$
$\quad\quad 4$ で $\quad 1/4! = 1/24 > 0.041\dot{6}$
$\quad\quad 5$ で $\quad 1/5! = 1/120 > 0.008\dot{3}$
$\quad\quad 6$ で $\quad 1/6! = 1/720 > 0.0013\dot{8}$
$\quad\quad 7$ で $\quad 1/7! = 1/5040 > 0.0001\dot{9}8412\dot{6}$

（以下省略）

すると、$n \geq 3$ では、式(あ)の分数の分母は、全て1、2、5以外の因数を含むので、各分数をデジタル表記すると、全て循環小数（無理数）となり、循環小数は元の分数より小さくなり

ます。

　即ち、式㋐をデジタル表記すると、

　　$e \Rightarrow 2.71828182\cdots$（無理数）

となり、

　　e（有理数）$> 2.71828182\cdots$（無理数）

となります。

　又、式㋐の分数を順次合算すると、

　　$n = 0 \sim 2$で　5/2
　　　　$0 \sim 3$　　8/3
　　　　$0 \sim 4$　　65/24
　　　　$0 \sim 5$　　163/60
　　　　$0 \sim 6$　　1957/720
　　（以下省略）

　　$e = \dfrac{（奇数）}{（偶数）}$ です。

エピローグ

「猿の惑星」の旅は、如何でしたか？
　最後に、俳句を詠んで、本書を締め括りましょう。

　桜木（はな）の下、送られ送る猿（※）の群れ
　注）猿：猿真似

　本書を最初に初めて購入された方は、次のことを守って下さい。

　　▪本書の利用は、個人的・家庭内に限ること
　　▪業として利用しないこと

　上記の利用を逸脱した方は、解決金として少なくとも、壱億円を頂戴します。

　本書に記載された数学理論を使用するためには、ライセンスを要します。

桜　寅次郎 (さくら　とらじろう)

本名・倉本　魁盛

1947年　広島県に生まれる
1973年　大阪府立大学工学部金属工学科卒業
1975年　大阪府立大学大学院金属化学科卒業
1975年　新日鐵関連会社に入社
2007年　退職

通り過ぎて
A LETTER FROM APE PLANET

2025年2月26日　初版第1刷発行

著　　者　桜　寅次郎
発 行 者　中 田 典 昭
発 行 所　東京図書出版
発行発売　株式会社 リフレ出版
　　　　　〒112-0001　東京都文京区白山 5-4-1-2F
　　　　　電話 (03)6772-7906　FAX 0120-41-8080
印　　刷　株式会社 ブレイン

© Torajiro Sakura
ISBN978-4-86641-834-6 C0041
Printed in Japan 2025
本書のコピー、スキャン、デジタル化等の無断複製は著作
権法上での例外を除き禁じられています。本書を代行業者
等の第三者に依頼してスキャンやデジタル化することは、
たとえ個人や家庭内での利用であっても著作権法上認めら
れておりません。

落丁・乱丁はお取替えいたします。
ご意見、ご感想をお寄せ下さい。